Julie's kitchen
朱莉美味厨房

朱　莉　著

辽宁科学技术出版社
·沈　阳·

朱莉Julie 美食博主

哔哩哔哩/微信公众号 @朱莉生活日记

作者序

对我而言，美食和烹饪从我很小的时候开始，就已经是生活里不可或缺的一部分。

那时候父母工作很忙，我常常需要自己照顾自己，机缘巧合之下，我学会了一些简单的菜式，从此踏上了漫长而又温暖的下厨之路。后来，我像你们当中的很多人一样，一个人去外地求学、工作。在忙碌的间隙里，烹饪各种美食渐渐成了我最大的爱好。

我最初在网络上与大家分享自己的食谱和做菜日常时，完全没想到，我会拥有一群喜欢我的粉丝，更没有预料到，有朝一日还会出一本属于自己的美食书。能够通过这种方式把自己下厨的一些小经验和心得传递给大家，我觉得这是一件非常美好的事情。

经常有厨房新手问我，做菜时盐和酱油的分量怎么给呢？要使用几克呢？作为一个非专业的下厨爱好者，我的回答都是：中餐里面，我们的分量很难精确到克，但是可以根据食材的多少来判断，最不出错的办法就是刚开始先少量地添加调料，尝一尝，若不够，再逐量增加，相信我，你的舌头会给出答案。

因为每个人的口味都不相同，所以中国才有句俗语叫作：人尝百味，众口难调。

而厨艺呢，也不是一蹴而就的，它是一件心手相通的事情，需要你用心去尝试。一次不行，就多试几次，每一次的进步一定都带着喜悦。在这个过程中，你会发现，你逐渐学会了举一反三，做出了属于自己的独特味道。

对我来说，厨房是一个温暖的地方，是一个避风港，它有神奇的疗愈功能。状态不好的时候，一个人待在厨房里，切菜剁肉、烘焙煎炒，工作的压力、情绪的惆怅，再多不快也会随着一道菜、一份甜点的完成而烟消云散。

幸福大概就是人间烟火的一日三餐吧。

希望这本书，能给你们带来一些温暖与美好。

朱莉

目录

第二章　宴客肉菜

第三章 风味海鲜

Part 7 第七章　快手甜点

关于本书计量单位说明

本书中调味品以勺为计量单位：

- 大勺为日常使用的汤匙，约5毫升。
- 小勺为常使用的咖啡勺，约2毫升。

第一章

朱莉美味厨房

家常素味

相对于肉菜来说，我更喜欢素菜。虽清淡，却也滋味无穷。

1 百合甜豆

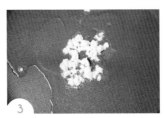

食材

甜豆 1 盒
新鲜百合 3 个

调料

油 1 大勺
盐 1 小勺
白糖 1/2 小勺
蒜 1 瓣

做法

1 甜豆撕去两边的老筋。百合切去老根，掰成一片一片后洗净。蒜切碎。

2 锅中加水烧开，滴入两滴食用油，放入甜豆快速焯烫后捞起，用凉水冲洗两次。

3 锅烧热，放油，烧至七成热，放入蒜末爆香。

4 倒入甜豆和百合翻炒 2 分钟。

5 加盐和白糖调味，起锅装盘即可。

> 小叮咛 焯水的时候滴入两滴油，能让甜豆的颜色保持碧绿。

2 雪菜毛豆烧豆腐

食材

豆腐 1 块
雪菜 200 克
毛豆 100 克

调料

油 2 大勺
盐 1/2 小勺
白糖 1/2 小勺
生抽 1 大勺
辣椒酱 1 小勺
干辣椒 4 个
蒜 2 瓣

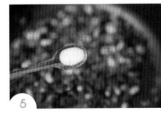

做法

1 雪菜用清水泡 15 分钟，去除多余的酸味，冲洗干净，捏干水分，切碎。豆腐切成四方形的厚片。干辣椒斜切成段。蒜剁碎。

2 平底锅烧热放油，放入豆腐，两面煎到金黄色，盛出。

3 锅中余油，放入干辣椒段和蒜末爆香，加入辣椒酱炒出红油。

4 倒入毛豆翻炒 2 分钟后，再倒入雪菜末翻炒出香味。

5 加盐、生抽、白糖，翻炒均匀，加适量水煮开。

6 倒入煎好的豆腐，盖上锅盖大约煮 3 分钟，到汤汁收干，豆腐表皮变软入味即可。

> **小叮咛**
>
> 1.豆腐的硬度要适中，嫩豆腐太软、易碎，老豆腐太扎实，口感不好。
>
> 2.我比较喜欢浙江台州的雪菜，用雪里蕻腌制，颜色好看又很脆嫩，口感和风味都不错。
>
> 3.任意辣椒酱都可以，可依个人喜好添加。

3 椒丝小茄子

食材

小茄子 5 条
薄皮青椒 2 个

调料

油 1 大勺
盐 1/2 小勺
白糖 1/2 小勺
生抽 2 小勺
香醋 2 小勺
蒜 3 瓣

做法

1　小茄子洗净，去蒂，切成小一点儿的滚刀块，放入盐水中漂洗。

2　薄皮青椒洗净，去蒂，去辣筋，切成丝。蒜拍松，切成末。

3　炒锅烧热，放油，可以比平常炒青菜略多一点儿，下蒜末爆香。

4　倒入椒丝翻炒出香味。

5　倒入茄子块翻炒到茄子微微变软。

6　调入盐、白糖、生抽，翻炒均匀，沿着锅边淋入香醋，即可起锅。

小叮咛

1. 茄子用盐水洗一下，可以防止茄子氧化变黑，也可以避免炒的过程中吸入过多的油。

2. 要选用应季的、嫩一点儿的细茄子，这样炒出来的口感和味道才更好。

4 番茄鸡蛋炒土豆

番茄、鸡蛋和土豆都是很寻常的食材，这道菜虽然很朴素，但我家小朋友超喜欢，土豆片软糯，就着酸甜的汤汁，可以吃下一大碗饭。

食材

番茄 2 个
土豆 2 个
鸡蛋 2 个
小葱 1 根

调料

油 1 大勺
盐 1 小勺
白糖 1 小勺
水淀粉 1 小勺

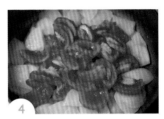

小叮咛

1. 番茄尽量选择比较熟的，这样炒的时候容易出汁，而且味道更好。

2. 炒菜时加入用水和淀粉调成的水淀粉，能使汤汁更浓稠。

做法

1　番茄和土豆洗净，去皮。土豆、番茄切成片。鸡蛋打散成蛋液。小葱洗净，切碎成葱末。

2　炒锅烧热放油，至七成热，倒入蛋液炒至颜色金黄蛋液凝固，盛入碗中。

3　锅余油，放入土豆片翻炒到边缘变透明。

4　再倒入番茄，翻炒至番茄出汁变软起糊。

5　倒入少许水，煮开，加入炒好的鸡蛋煮 1 分钟。

6　调入适量盐和白糖，倒入少许水淀粉勾芡，翻炒均匀后，撒入少许葱末即可。

5 狼牙土豆

食材

土豆 2 个
香菜 2 棵
朝天椒 2~3 个

调料

油 300 克
盐 1 小勺
白糖 1 小勺
生抽 1 小勺
香醋 2 小勺
辣椒粉 1 小勺
孜然粉 1 小勺
花椒粉 1/2 小勺
熟花生碎适量
蒜 2 瓣

做法

1 土豆去皮，先切成厚片，再用波浪刀切成均匀的粗条。冲洗干净，放入水中浸泡 5 分钟，捞出后用厨房纸巾吸干水分。蒜和香菜切成末，朝天椒切成小段。

2 锅中放油，烧至七成热，倒入土豆条，炸成金黄色捞出。

3 炸好的土豆条倒入大碗里。

4 趁热放生抽、香醋、盐、白糖、调料粉（辣椒粉、孜然粉、花椒粉），切好的蒜末、朝天椒和香菜，搅拌均匀，再撒入熟花生碎即可。

小叮咛 ‖ 按照这种做法做出的土豆滋味满满，非常适合追剧或无聊的时候食用。

6 手撕包菜

据说餐厅的包菜都是不洗就直接炒的，关于真假与否先不讨论，其实就是说包菜叶子一定不能带着水分下锅，否则会越炒水分越多。自己在家吃肯定不能不洗就直接炒，所以我通常都会提前把包菜叶洗净，沥干，这样炒的时候叶子干干的才能炒出像餐馆一样的口感。

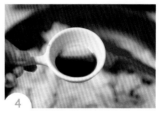

食材

包菜1个

调料

油2大勺
盐1小勺
白糖1小勺
生抽1小勺
醋2小勺
蒜2瓣
干辣椒4个
花椒少许

做法

1 包菜切去老根，一大片掰下来，一片片洗净，沥干，然后用手撕成小块。蒜切成末，干辣椒切成小段。

2 炒锅烧热，放油烧至六成热，放入蒜末、干辣椒段、花椒爆出香味。

3 倒入包菜，中小火翻炒，当包菜有一点点变软的时候，转大火，加入盐和白糖翻炒。

4 沿锅边倒入生抽和醋，大火快速翻炒均匀，关火起锅即可。

> **小叮咛** 手撕包菜其实是一道非常简单的快手菜。想要炒得好吃，要掌握好两点。一是包菜叶子要沥干水分下锅。二是包菜刚下锅时要小火，如果直接大火，叶子没有水分很容易焦，炒到叶子微微变软的时候再转大火快炒。

7　水芹菜炒豆干

食材

水芹菜 1 把
豆干 3 片
红椒 1 个

调料

油 2 大勺
盐 1 小勺
生抽 1 小勺
蒜 2 瓣

做法

1　水芹菜去掉老根，洗净、切成段。豆干切成薄片。红椒洗净，切成丝。蒜切成末。

2　豆干放入热水中烫一下捞起来，可以去除豆腥味。

3　锅烧热，放油，放入蒜末爆香。

4　放入豆干微微煎一下，加生抽。

5　倒入水芹菜段，翻炒。

6　等水芹菜段变软一些，倒入红椒丝，加盐调味即可。

> 小叮咛 因为豆干不太容易入味，所以提前加入生抽静置一会儿，豆干会更鲜香。

8 三杯杏鲍菇

三杯菜是经典的中国台湾味道，使用麻油、酱油和米酒，再配上九层塔，风味十足。最著名的非三杯鸡莫属，但是素菜中，用杏鲍菇也可以做出肉的浓郁滋味。

食材

杏鲍菇 5 根
红尖椒 2 个
新鲜九层塔适量

调料

麻油 3 大勺
米酒 3 大勺
酱油 $1\frac{1}{2}$ 大勺
白糖 1 小勺
生姜 1 小块
蒜 5 瓣

小叮咛

1.杏鲍菇要大火翻炒，以免出水，影响口感。
2.米酒、酱油、糖的比例是4:2:1，糖是酱油量的一半，酱油是米酒量的一半。

做法

1 杏鲍菇洗净，切成滚刀块。九层塔摘下叶子，冲洗干净。红尖椒洗净，切成条。大蒜剥皮。生姜切成片。

2 炒锅烧热，放入麻油，烧至温热，放入姜片和蒜头，煎至微黄。

3 倒入杏鲍菇大火翻炒，煎到表面微微焦黄。

4 倒入酱油、米酒和白糖，撒入红尖椒条，盖上锅盖，中火焖 4~5 分钟，收干汁水即可。

5 撒入九层塔叶子，盖上锅盖焖 15 秒后起锅。

9 虎皮青椒

虎皮青椒大概是家家都会做的菜，因为它看起来实在是太普通了，普通到我们似乎谁都会做，普通到根本不屑于花时间去写它。正因为如此，所以这道菜的滋味和做法各有特色。食材选择上，我最喜欢的是安徽芜湖的皱皮青椒，它皮薄且辣味适中，经过干煸之后焦香浓郁，再配上咸辣中带酸甜的调味汁，我的饭量大概是平时的一倍，不，两倍。

食材

皱皮青椒 12 个

调料

油 1 大勺

盐 1/2 小勺

白糖 1/2 小勺

豆瓣酱 1 小勺

生抽 1 大勺

醋 1 小勺

蒜 2 瓣

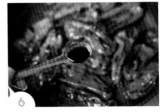

小叮咛

1.为了口感更好，尽量将里面的辣椒籽去掉。

2.煸辣椒比较需要耐心，火不能大，要用锅铲轻轻地压，勤翻面，不然青椒容易焦黑还不软。

做法

1 青椒洗净，去蒂，去掉里面的辣椒籽。

2 蒜剁成蒜末。盐、生抽和白糖加少许水调成汁。

3 锅里不放油，放入青椒，用中小火慢慢煸到青椒变软，表皮起皱微黑，盛入盘中。

4 炒锅烧热放油，放入蒜末爆出香味，加入豆瓣酱炒出红油。

5 倒入调味汁，放入青椒翻炒入味，待汤汁收干。

6 沿着锅边倒入醋，关火即可。

10 萝卜圆子

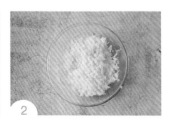

1

2

3

4

食材

白萝卜 1 个
小葱 2 根
面粉约 200 克

调料

油 300 克
盐 2 小勺
白糖 1/2 小勺
生抽 1 小勺
胡椒粉 1 小勺
生姜 1 小块

做法

1　白萝卜洗净去皮，擦成细丝。小葱洗净，切碎。生姜去皮，磨成姜蓉。

2　白萝卜加 1 勺盐，腌制 5 分钟出水后，稍微捏去水分，然后切丝。

3　切好的白萝卜丝中加入面粉、盐、白糖、生抽、胡椒粉、葱末和姜蓉，拌匀。刚拌好的面糊看起来略干，后面还会出一些水。

4　锅中放油，烧至六成热，将萝卜面糊团成大小均等的圆球，放入油锅中炸至浅金黄色，捞出沥油即可。

小叮咛

1.面糊的干稀程度可以随个人口味调整，只要可以用勺子整成形的都可以。偏干一点儿口感比较筋道，偏稀一点儿口感则更松软。

2.吃萝卜圆子的时候可以搭配番茄酱或者是泰式甜辣酱。除了空口吃，煮汤或者煮火锅都很赞。

11　剁椒蒸芋头

食材

芋头 300 克
小葱 2 根
剁椒 3 大勺

调料

油 2 大勺
白糖 1/2 小勺
白醋几滴
蒜 2 瓣

做法

1　芋头去皮，洗净，切成两半。小葱洗净，去掉葱白，切碎。蒜切
　　碎。

2　芋头中加入剁椒、白糖和白醋。

3　拌匀之后倒入深盘中，放入蒸锅中，大火蒸大约 15 分钟。

4　表面撒上葱花和蒜末。

5　淋入烧开的热油即可。

小叮咛　白醋是调料中的亮点，起到增香和中和剁椒辣味的作用。

12 丝瓜甜椒炒油条

食材

丝瓜 1 条
红甜椒 1 个
油条 1 根

调料

油 1 大勺
盐 1/2 小勺
白糖 1 小撮
高汤 2 大勺
蒜 1 瓣

做法

1　丝瓜去皮洗净，切成滚刀块。红甜椒洗净去蒂、去籽，切成小块。油条切成小块。蒜切成片。

2　锅烧热，放少许油，用小火把油条两面都煎一煎，盛起。煎好的油条是比较脆的口感。

3　锅中继续放油，加蒜片爆出香味，倒入丝瓜，翻炒到丝瓜略微变软。

4　加入红甜椒，翻炒均匀。

5　加盐和白糖调味，加高汤煮开。

6　倒入油条，翻炒均匀即可。

小叮咛

1.切好的丝瓜如果不马上用，可以放入淡盐水中浸泡一下，防止丝瓜氧化变黑。

2.如果没有高汤，加入清水也可以，但是鲜味会稍差一些。

13 鲍汁萝卜

俗语说，冬吃萝卜夏吃姜，特别是秋冬打过霜的萝卜，格外地甜。就这么简简单单地加上一点儿调料煮熟，口感软糯，味道鲜甜，吃一次就印象深刻。

食材

白萝卜 1 根
小葱 2 根

调料

油 1 大勺
鲍鱼干贝汁 2 大勺
生抽 1 大勺
白糖 1/2 小勺
蒜 1 瓣

做法

1 白萝卜洗净，去皮，切成 1cm 左右的厚片。小葱洗净，葱白切段，葱绿切碎。蒜剥去外皮。

2 锅中放油，小火将葱段和蒜煎出香味。

3 放入白萝卜翻炒 2 分钟。

4 倒入没过白萝卜的水，加鲍鱼干贝汁、生抽和白糖，大火煮开，再转中火煮 25 分钟。

5 煮好的白萝卜变软且略透明，撒入葱花即可出锅。

> **小叮咛** 1.鲍鱼汁和酱油都有咸味，所以不需要再另外加盐了。
> 2.鲍鱼汁超市有售，可直接购买。

14 香菇素鳝丝

看看，做好的香菇丝是不是很像鳝鱼？而且香菇肉肉的口感吃起来也令人相当满足。

食材

干香菇 20 朵

调料

油 200 克

盐 1 小勺

白糖 1 小勺

生抽 1 小勺

香醋 1/2 小勺

黑胡椒粉少许

水淀粉 3 大勺

干淀粉 20 克

熟白芝麻 1 小勺

生姜 1 小块

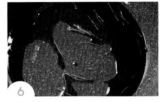

小叮咛

1. 炸香菇丝的时候，不要一次性全部倒下去，否则容易结成团，影响口感和外形。
2. 水淀粉调得薄薄的就可以了，调得太厚下锅就容易起面糊。

做法

1 干香菇提前用清水泡发 1 小时，漂去表面的灰尘和杂质，剪去香菇蒂。

2 泡好的香菇用剪刀剪成粗丝，再冲洗一次，用手捏干水分。生姜去皮，切成细丝。

3 香菇丝中加淀粉、少许盐、黑胡椒粉和 1 大勺水抓匀。

4 将香菇丝放入干淀粉中滚一下，抖掉表面多余的淀粉。

5 锅中放油烧至七成热，依次放入香菇丝炸至表面起壳变脆。

6 另起一平底锅烧热，放少许油，倒入姜丝，加入生抽、香醋、盐和白糖烧热，再倒入 3 大勺水淀粉推匀。

7 倒入炸好的香菇丝，均匀地翻裹上调味汁之后关火，表面撒上熟白芝麻即可。

第二章

朱莉美味厨房

宴客肉菜

大块吃肉，大碗喝酒。平淡生活里也
要偶尔有仗剑走天涯的酣畅淋漓。

1 蜜汁叉烧肉

很多人觉得叉烧肉非常复杂，其实不然。在家也可以用很简单的材料，很懒人的步骤，做出很美味的叉烧。梅肉就是猪的上肩肉，几乎都是瘦肉，而且口感非常嫩，经过高温烘烤之后，里面的肥肉会熔化成油脂，夹杂在瘦肉中间，就两个字：好吃。

食材

猪梅肉 1 条

调料

玫瑰腐乳汁 2 大勺
叉烧酱 2 大勺
蜂蜜 2 大勺
生姜 1 小块

小叮咛

1.烘烤的时间要随着肉块大小调整，一般能闻到肉香味，肉块滋滋往外冒油的时候就差不多熟了。

2.若喜欢吃肥一点儿的，可以用五花肉，又是另一种风味。

做法

1. 将玫瑰腐乳汁、叉烧酱和蜂蜜，调成酱汁。猪梅肉洗净，加入几片生姜，倒入调好的酱汁。

2. 将酱汁均匀地抹在肉上，轻轻揉匀，

3. 将碗包上保鲜膜，放入冰箱冷藏腌制 24 小时左右。

4. 将腌制好的猪梅肉放入垫有油纸的烤盘中，放入预热好的烤箱中层，200℃烤 20 分钟左右。

5. 烘烤过程中要给肉翻面补刷一次酱汁，继续烤 10 分钟。

6. 烤好的叉烧肉切成片即可食用。

如果说下厨这件事，具有遗传性，那我一定是遗传了我爸的基因。我们两人经常会讨论某个菜的做法，对于感兴趣的食物，都愿意去做各种尝试，虽然刚开始常常以失败告终。我妈说得最多的一句话就是：真是你爸的亲生女儿。粉蒸肉，是我们老家的特色，也是老爸的拿手菜，在他的手里，蒸肉蒸鱼蒸排骨，蒸茼蒿蒸包菜蒸萝卜……无所不能蒸。我这个号称爱吃素的人，一次却能吃一小碗粉蒸肉，简直太可怕了。我从小吃到大的粉蒸肉，米粉都是用大米直接磨碎，不添加任何香料的，所以最大限度地保留了大米的香气，突出了食材的本味。

2 老爸的粉蒸肉

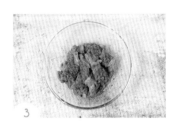

食材

五花肉 400 克

红薯 2 个

大米适量

调料

油 1 大勺

盐 1 小勺

白糖 1 小勺

老抽 1 小勺

生抽 1 大勺

黑胡椒粉少许

醪糟米酒 1 大勺

豆瓣酱 1 大勺

生姜 1 小块

做法

1 五花肉去皮，用温水冲洗干净，切成均匀的肉片。红薯洗净去皮切成小块。大米用搅拌机打成颗粒状。生姜磨成姜蓉。豆瓣酱剁碎。

2 大米粉的颗粒粗细程度如图。

3 五花肉加盐、白糖、老抽、生抽、黑胡椒粉、醪糟米酒、豆瓣酱、姜蓉和 4 大勺米粉拌匀，再加 1 大勺油，腌制 10 分钟左右。

4 红薯薄薄地裹上一层米粉。

5 蒸笼里铺上一层油纸。

6 先铺上一层红薯，再均匀地铺上肉片，大火蒸 45 分钟左右。

小叮咛

1. 米粉的量以刚刚把肉裹上为宜。粉量太少裹不住肉，量太多则肉比较干，不够油润，影响口感。

2. 红薯可以依个人口味换成土豆或南瓜。

3. 没有油纸可以用纱布代替。

3 珍珠圆子

在湖北，过年过节之时，几乎家家户户桌上都会有一碗珍珠圆子，取阖家团圆之意。蒸好的珍珠圆子香气四溢，晶莹剔透，没有谁可以抵挡住它的美味。

食材

猪腿肉（三肥七瘦）400 克
糯米 250 克

调料

盐 1 小勺
白糖少许
生抽 1 小勺
鸡精少许
生姜 1 小块

小叮咛

1. 肥肉比较不好剁，可以先将肥肉剁小粒，再和瘦肉混在一起剁，这样肉馅里面不会有肥肉的颗粒，蒸熟之后变成油脂，肉圆的口感会更油润。

2. 肉里面的筋膜一定要挑出来，以免影响口感。

3. 为了美观和保证口感，圆子的大小尽量一致。

4. 肉末中还可以加入少许马蹄或莲藕，会多一些清甜。

做法

1 糯米放入清水中泡 3~4 小时，冲洗干净，捞出，沥去多余的水分，平铺在盘子里。

2 猪腿肉剁成肉末，生姜擦成蓉，加适量水调成生姜水。

3 剁好的猪肉末加盐、白糖、生抽和鸡精，往一个方向搅拌上劲，途中分次加入生姜水，待完全吸收之后再加下一次。

4 判断肉馅是否上劲，除了看有没有黏性和拉丝，还可以在肉中心插一根筷子，如果筷子不倒就可以了。

5 将肉末团成大小均等的圆形，在糯米里滚一圈，轻轻压一下。

6 蒸笼里面铺上油纸或者纱布，有间隔地摆上珍珠圆子，放入锅中大火蒸 15~18 分钟即可。

4 泡藕带炒鸡胗

食材

鸡胗 250 克

泡藕带 300 克

调料

油 2 大勺

老抽 1/2 小勺

生抽 1 小勺

盐少许

白糖 1/2 小勺

朝天椒 2 个

泡椒 4 个

泡藕带的水适量

生姜 1 小块

蒜 2 瓣

小葱 2 根

小叮咛

1. 为了保证鸡胗的口感鲜嫩，整个过程一定要大火快炒。

2. 藕带和酱油都有盐分，盐可依个人口味增减。

做法

1 鸡胗洗去表面的杂质，放入开水锅中，焯水之后捞出。

2 鸡胗洗净，沥干表面水分，切成薄片。泡藕带切成小段。泡椒切段，朝天椒切圈，姜蒜切成末。小葱去掉葱白，葱绿切碎。

3 锅烧热，放油，放入姜蒜和朝天椒爆香。

4 依次放入泡椒和鸡胗片，大火翻炒。

5 加老抽和生抽调味，翻炒均匀。

6 倒入泡藕带翻炒，加盐和白糖调味，再倒入泡藕带的水，翻炒均匀。

7 撒入葱花，关火即可。

5 小土豆牙签肉

食材

猪肉 300 克
小土豆 200 克
红尖椒 2 个
珠葱 2 个

调料

油 250 克
盐 1 小勺
白糖 1 小勺
生抽 1 小勺
老抽 1/2 小勺
豆瓣酱适量
淀粉 2 小勺
孜然粉 1 小勺
花椒粉 1 小勺
辣椒粉 1 小勺
熟白芝麻适量
生姜 1 小块
蒜 2 瓣

小叮咛

烤过的小土豆放入牙签肉里非常好吃，如果没有烤箱，也可以放入油锅里炸 3 分钟。

做法

1 猪肉洗净，切成小拇指粗细的条。小土豆去皮洗净，切成两半。蒜切成末，姜擦成蓉，红尖椒洗净，斜切成小段，珠葱洗净切碎。

2 切好的肉加淀粉和盐腌制 30 分钟，然后用牙签穿起来。

3 土豆加少许油和盐拌匀。放入预热好的烤箱中层，以 200℃ 烘烤 12 分钟。

4 锅中放油，烧到七成热，放入腌好的牙签肉，炸至变色捞起。

5 锅中留少许余油，放入蒜末、姜蓉、珠葱碎，煸炒出香味。

6 放入豆瓣酱炒香，加入红尖椒。

7 倒入牙签肉和土豆翻炒片刻，再加老抽和生抽炒匀。

8 加孜然粉、花椒粉、辣椒粉、白盐和糖调味，撒入熟白芝麻即可。

51

6　双椒炒肉

食材

前腿肉 200 克

红椒 1 个

青椒 2 个

调料

油 1 小勺

盐 1/2 小勺

白糖 1/2 小勺

老抽 1 小勺

生抽 2 小勺

蚝油 1 小勺

蒜 2 瓣

做法

1　等量的青椒和红椒洗净，去茎、去籽，斜切成小块。将前腿肉的肥肉和瘦肉分开切成片。蒜剁碎。

2　切好的肉片加入老抽和一半生抽，拌匀，腌制 10 分钟。

3　锅中放油，倒入肉片煸炒至出油并且变色盛出。

4　锅余油，放入蒜末爆香。

5　倒入青椒、红椒煸炒到表皮微皱，水分略微变干，再加入肉片翻炒。

6　加入蚝油、生抽、白糖和盐，翻炒均匀即可。

小叮咛　1.青椒和红椒的量尽量均等，这样炒出来的成品更好看。

2.煸炒肥肉会出油，所以油可以少放一点儿。

7 豆豉蒸排骨

食材

猪肋排 250 克
朝天椒 1 根

调料

油 1 大勺
豆豉 2 大勺
料酒 1 大勺
生抽 1 小勺
盐 1 小勺
生姜 1 小块
蒜 2 瓣

做法

1　排骨用清水浸泡半小时，去除血水后，多冲洗几遍，待用。

2　豆豉用刀拍扁，朝天椒切成圈，生姜磨成蓉，蒜切碎。

3　排骨放入碗中，加入料酒、生抽、盐、姜蓉、蒜末和豆豉。

4　拌匀，腌制 30 分钟。

5　加入油拌匀。

6　拌好的排骨倒入较深的盘子中，表面撒上朝天椒圈，入蒸笼，以
　　大火蒸 18 分钟左右。

> **小叮咛**
> 1. 猪肋排可以剁得稍微小一些，更易入味而且更好蒸熟。
> 2. 浸泡排骨的时候，中途可以多换几次水，这样里面的血水可以泡得更干净。

8 家常卤菜

食材

牛腱子一条（约 500 克）

鸡蛋 8 个

油炸蓑衣豆干 2 片

调料

老抽 2 大勺

生抽 2 大勺

盐 1 小勺

冰糖 15 克

香料

香叶 4 片

花椒 15 粒

小茴香 2 克

八角 1 个

沙姜 2 片

干辣椒 4 个

白芷 2 片

高良姜 2 片

白蔻 1 个

干山楂 8 个

桂皮 1 片

做法

1　将所有的香料放入纱布袋中，没有袋子也可不装。锅中加水烧热，放入香料煮开。

2　加入老抽、生抽和冰糖，放入牛腱子大火煮开，撇去浮沫，转中火煮 45 分钟。

3　将鸡蛋放入冷水锅中，中小火煮 8 分钟。

4　捞出鸡蛋，加冷水冲洗一下，剥壳，并在表面竖着划几刀，放入锅中。

5　加入少许盐调味，大火煮 5 分钟。

6　当牛腱子可以用筷子插入了，就关火。再放入油炸蓑衣豆干，将牛腱子、鸡蛋和豆干浸泡 2 小时入味即可。

> **小叮咛**
> 1.牛腱子煮到用筷子能勉强扎入即可，太软会缺乏口感。
> 2.卤完的卤水，滤去杂质，烧开之后凉凉，放入密封的容器中，冷藏可以放 3~5 天，如果短期不用就冷冻起来。下次再卤的时候，加水稀释，稍微加一点儿香料和调料就可以了，反复几次，就会变成老卤，越用越香。

9 西芹核桃炒腊肠

食材

西芹 1 根
广式香肠 100 克
核桃仁 1 小把

调料

油 1 大勺
盐 1/2 小勺
白糖适量
蒜 2 瓣

做法

1 西芹洗净，用刨刀轻轻地刨去表皮老的纤维，斜切成片。广式香肠斜切成片。核桃仁放入烤箱，以 180℃烘烤 5 分钟。蒜切碎。

2 锅烧热，放油，倒入蒜末爆香。

3 倒入香肠炒到肥肉部分呈透明状。

4 加入西芹翻炒 1 分钟。

5 加入烤香的核桃仁。

6 加盐和白糖调味，翻炒均匀即可。

> **小叮咛**
> 1.西芹表皮的纤维比较粗，用刨刀刨去之后口感会更好。
> 2.斜切成片的西芹很容易熟，要大火快炒，才能保持脆嫩的口感。

10 家常辣子鸡丁

食材

大鸡腿 3 个

调料

油 300 克

盐 1 小勺

白糖 1/2 小勺

米酒 1 小勺

生抽 1 小勺

干辣椒 20 个

花椒适量

熟白芝麻 1 小勺

生姜 1 小块

蒜 2 瓣

小叮咛

1.腌制鸡块的时候，盐要一次加够，因为鸡块炸过之后表面会变硬，后面炒的时候再放盐，不容易入味。

2.这道辣子鸡丁的口感比一般的辣子鸡丁要嫩，如果喜欢口感筋道的，可以用高油温炸鸡肉，然后再复炸一次，鸡肉的口感会干酥很多。

3.剩下的干辣椒和花椒味道很香，可以用搅拌机打碎之后，做其他的菜。

做法

1 鸡腿洗净，去骨之后切成小块。干辣椒剪成小段，去掉辣椒籽，生姜和蒜切片。

2 鸡块加入米酒、盐和生抽抓匀，腌制 20 分钟左右。

3 锅中多放一些油，烧至六成热，放入鸡块，炸至变色捞出。

4 锅中余油，放入花椒小火炒出香味，再放姜片和蒜片。

5 倒入所有的干辣椒段，小火翻炒出香味。

6 倒入炸好的鸡块翻炒片刻，等鸡肉表面收缩肉质变得略干，放生抽和白糖调味。撒入熟白芝麻，翻炒均匀即可出锅。

11 干煸手撕鸡

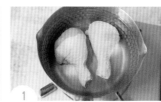

食材

大鸡腿 2 个
芹菜 3 根
紫苏叶适量

调料

油 1 大勺
盐 1 小勺
白糖 1 小勺
豆瓣酱 1 大勺
生抽 1 小勺
孜然粉少量
干辣椒 1 小把
花椒 15 粒
生姜 1 小块
蒜 2 瓣

小叮咛

小火将鸡肉中的水分慢慢煸干，吃起来的口感才会香。

做法

1 鸡腿洗净，冷水下锅煮大概 10 分钟。

2 鸡腿捞出冲洗干净，撕成小条。

3 芹菜洗净切段。紫苏叶洗净切碎。生姜去皮切片。大蒜切片。

4 锅中放油，放入姜片、蒜片煎香，加入花椒和干辣椒。加入豆瓣酱，小火翻炒出红油和香味。

5 倒入鸡肉小火煸 5 分钟。

6 倒入芹菜和紫苏碎翻炒均匀。

7 加入盐、白糖和生抽调味，撒入少许孜然粉即可。

63

12 梅干菜焖鸡爪

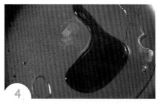

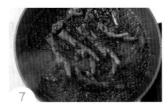

食材

鸡爪 6 个
梅干菜 150 克

调料

油 1 大勺
料酒 1 大勺
老抽 1 大勺
生抽 1 大勺
盐 1 小勺
冰糖 20 克
干辣椒 4 个
八角 1 个
生姜 1 小块

小叮咛

梅干菜的表面都会有些沙尘，所以要多冲洗几次，确认无杂质，否则会影响口感。

做法

1 鸡爪洗净，剪去指甲。

2 锅中放水烧开，加 1 勺料酒，放入鸡爪焯一下，捞出，用温水冲洗干净。

3 梅干菜浸泡 10 分钟，多冲洗几次，滤去杂质，捏干多余的水分。生姜去皮切片。

4 锅烧热，放油，放入冰糖化成棕色。

5 放入鸡爪翻炒，加入老抽和生抽上色。放入姜片、干辣椒和八角，倒入没过鸡爪的热水，大火煮开，转中小火煮 10 分钟。

6 加入梅干菜继续煮大约 25 分钟，加盐调味。

7 等到鸡爪软糯，大火收汁即可。

65

13 椰香鸡翅

因为喜欢阳光灿烂的天气，也喜欢东南亚的食物，加之从我生活的城市飞到泰国清迈，只需要两个多小时，所以每次去清迈旅行，都是临时决定，说走就走。去的次数多了，就知道哪家小店有好吃的芒果饭，哪条街上有好喝的冬荫功汤。

椰浆在泰国的食物里面用得很多，香气浓郁。这个烤鸡翅，是我在清迈的一家小店吃过的，具有浓郁的东南亚风味，在此推荐你们也试试。

食材

鸡翅 8 个
洋葱 1/4 个

调料

盐 1 小勺
黑胡椒粉少许
蚝油 1 小勺
生抽 1 小勺
椰浆 3 大勺
蒜 6 瓣
香菜根 8 根

1

2

3

4

做法

1 鸡翅冲洗干净，洋葱切成小粒，香菜根洗净，和蒜一起剁成末。

2 鸡翅放入碗中，放入蒜末和所有调料，椰浆可以稍微多放一点儿，椰香会更浓郁。

3 将所有调料和鸡翅拌匀，包上保鲜膜，放入冰箱冷藏一夜。

4 烤盘中铺上油纸，均匀地放入鸡翅。将烤盘放入预热好的烤箱中层，以 200℃ 烘烤 20 分钟即可。

小叮咛
1. 香菜根通常会被当作垃圾丢掉，其实它是非常提香的食材。
2. 烤好的鸡翅可以配上辣椒酱一起食用。

14 冬瓜腐竹烧鸭

食材

鸭半只

冬瓜1块

腐竹3根

辣椒2根

调料

油1大勺

料酒1大勺

老抽1大勺

盐1小勺

白糖1小勺

生抽1小勺

干紫苏叶适量

八角1粒

生姜1块

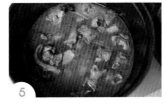

小叮咛

1.鸭肉的油脂很多，炒的时候只需要加入少许油即可。

2.紫苏叶可以去腥，还有一种特殊的香味，荤菜、素菜都适合。平常买的紫苏叶用不完，可以晒干后用密封袋装起来，随用随取。

做法

1 锅中放水和料酒，将鸭肉焯水捞出，用温水洗干净。冬瓜去皮，切小块。辣椒切成圈。生姜去皮切片。腐竹用温水泡着，待用。

2 锅烧热，放油，放入姜片，小火煎香。

3 倒入鸭肉，大火翻炒至表面微黄。

4 加老抽翻炒至上色均匀，加入生抽、白糖和八角。

5 加入适量的温水，大火煮开，中火焖30分钟。

6 加入冬瓜和干紫苏叶，加盐调味，焖大概10分钟至冬瓜软熟。

7 加腐竹和辣椒圈，大火煮1分钟即可。

15 萝卜烧牛腩

食材
牛腩 350 克
白萝卜 1 根

调料
油 1 大勺
盐 1 小勺
老抽 1 大勺
生抽 1 大勺
料酒 1 大勺
冰糖 20 克
干辣椒 4 个
香叶 3 片
八角 1 粒
生姜 1 小块

做法

1　牛腩切成小块，生姜切成片。

2　牛腩放入锅中焯水，捞出用温水冲洗干净，并沥去多余的水分。

3　锅中放油，放入冰糖炒至棕色。倒入牛腩翻炒 3 分钟。

4　加入老抽翻炒至颜色红亮，加入生抽和料酒。

5　加入姜片、八角、香叶和干辣椒，倒入适量的水。大火煮开，中小火炖 40 分钟，至牛腩变软。

6　白萝卜洗净去皮，切成滚刀块，倒入牛腩中。调入盐，大火炖 15 分钟，萝卜变软烂即可。

16 泡椒香菜牛肉

可能很多人会觉得香菜只是装盘做点缀的配菜，要是直接入菜，口味会太重。但是，当牛肉和香菜在一起炒的时候，便只剩下了香菜的香味。你如果不信，可以试试看，也许会改变你对香菜的印象。

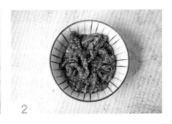

食材

牛肉 200 克
香菜 1 把

调料

油 1 大勺
盐 1/2 小勺
生抽 1 大勺
干辣椒 4 个
泡椒 5 个
花椒 10 粒左右
淀粉 1 小勺
胡椒粉少许
蒜 2 瓣

小叮咛

1. 牛肉尽量切得薄一些，口感会更好。切之前可以放入冰箱冷冻一下，会更好切。
2. 炒牛肉的时候一定要大火，速度要快，这样口感会更嫩。
3. 香菜炒完会缩很多，所以香菜的量可以稍微多一些。

做法

1 香菜洗净切小段，蒜剁碎，泡椒切段，干辣椒切段。

2 牛肉切成薄片，放一部分生抽、盐、淀粉和胡椒粉，轻轻抓匀，腌制 10 分钟，再倒入适量油拌匀。

3 锅中放油，放入干辣椒、花椒和蒜末爆香。

4 开大火，倒入牛肉，炒至变色。

5 加入泡椒，翻炒均匀，再加入剩下的生抽调味。

6 加入香菜快速翻炒均匀即可。

第三章

朱莉美味厨房

风味海鲜

生活在海边城市，逐渐爱上了以前觉
得有腥味的虾蟹，竟然吃出了鲜甜。

大学刚毕业的夏天，街头巷尾出现很多香辣虾店。在几家口碑还不错的虾店吃过之后，就开始自己在家研究，没办法，这可能是爱做饭的人的一个毛病。后来，这道菜就成了我家餐桌上的宴客菜，而且一直保持 10 分好评。

1 朱莉香辣虾

食材
新鲜大虾 300 克
土豆 2 个
香菜 2 根

调料
油 200 克
盐 1 小勺
淀粉 2 小勺
郫县豆瓣 1 大勺
生抽 1 小勺
白糖 1/2 小勺
生姜 1 小块
蒜 3 瓣
香叶 4 片
干辣椒若干个
熟白芝麻 1 大勺

做法

1 新鲜大虾剪去须和脚，剪开背部，挑出虾线，用水冲洗干净。

2 土豆去皮，切成粗条，用水稍微泡一下，去掉表面的淀粉，用厨房纸巾吸干水分。生姜切片，蒜剥皮。

3 处理好的虾用厨房纸巾吸干水分，加淀粉和少许盐拌匀。这样炸过的虾壳会比较酥脆。

4 锅烧热，放多一点儿油，烧至七成热，先倒入虾炸至颜色发红，外表看起来有酥脆的感觉时捞出。再倒入土豆条炸至八成熟，捞出沥油。

5 炒锅中放油，先放入姜片和蒜煸出香味，再倒入香叶和干辣椒。

6 放入郫县豆瓣炒出红油。

7 倒入炸好的虾和土豆条一起翻炒，待虾和土豆条表面都均匀地裹上红油，加适量盐、生抽和白糖调味。

8 出锅之前撒上熟白芝麻和香菜段，即可装盘。

小叮咛
1.剪虾背时稍微深一点儿，这样炸的时候更好看，且比较容易入味。
2.虾一定要炸到表面酥脆的时候捞出，这样经过香料调味之后才更好吃。
3.土豆条放在凉水里浸泡片刻，不仅可以去除表面淀粉，还可以让口感更好，如果喜欢面一点儿的口感，冲洗干净就可以了。
4.炒香料的时候要小火，火大容易煳而且颜色不好看。
5.土豆可以换成莲藕，一样好吃。

2　蛤蜊蒸蛋羹

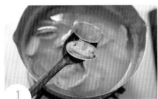

食材

蛤蜊 17 只

鸡蛋 2 个

调料

盐 1 小勺

料酒 1 小勺

生抽 1 大勺

麻油 1/2 小勺

生姜 1 小块

小葱 1 根

做法

1　蛤蜊提前放入清水中吐去部分泥沙，冲洗干净，放入小锅中，加适量凉水，加料酒和姜片，煮到蛤蜊开口后关火。不开口的可以捞出不要，剩余的用清水冲洗掉表面的泥沙和杂质。

2　鸡蛋去壳打入碗中，打散成蛋液，加入 2 倍的清水搅打均匀，加盐调味。

3　蛋液用细密的网筛过筛 1~2 次。

4　将蛤蜊均匀地摆入深盘中，再慢慢倒入蛋液。

5　盘子上再盖一个盘子，放入烧开水的蒸锅中，大火蒸 10~12 分钟。

6　均匀地淋上生抽和麻油，撒上葱花即可。

小叮咛

1. 蒸蛋看似简单，但是如何蒸出像豆腐一样细腻柔滑的蛋羹还是有诀窍的。蛋液和水的比例要适中，水过多蛋羹会不成型，水少了蛋羹会很扎实。蛋液和水的比例 1 : 2 是比较合适的。

2. 蛋液中的蛋白用筷子很难完全打散，打不散的蛋白就会沉入碗底，影响口感，所以最好的办法是将蛋液过筛，这是蒸出完美蛋羹的第一步。

3. 蒸蛋的时候盖上盘子，或者包上保鲜膜之后用牙签扎孔，可以防止锅盖上的水蒸气滴入碗中，形成蜂窝状。

避风塘的菜式，精髓就是酥脆又香气十足的蒜蓉，它也是香港的十大名菜之一。避风塘，其实是当地渔民躲避台风的一个渔港，每到台风时节，香港的渔民就会把船停到避风塘里躲避狂风和暴雨。时间长了，渔民用特殊的烹饪方法做出来的海鲜，居然有想不到的美味。今天我们做的这道避风塘炒虾，其实是经过改良之后，用面包糠来制作的。

3 避风塘炒虾

食材

新鲜虾 350 克
面包糠 120 克
干红辣椒 3 个

调料

油 300 克
盐 1 小勺
料酒 1 小勺
蒜 3~4 瓣

小叮咛

1. 避风塘炒虾的虾壳直接食用，所以虾不能太大，不然虾壳太硬，吃起来影响口感。

2. 炒面包糠的时候，一定要先将蒜末炒出香味，水分尽量收干，然后再放面包糠。

3. 这个菜里面的面包糠吸收了蒜的香味和虾的香味，非常好吃！

做法

1　虾剪去虾须、虾脚，挑去虾线，冲洗干净。

2　虾加盐和料酒腌制 20 分钟。蒜剁成蒜末，干辣椒剪成小段，待用。

3　锅中放油，烧至七成热。把腌制好的虾放入锅中炸到颜色变红后捞出，转大火把油烧热，再倒入虾复炸约半分钟捞出。

4　锅中留少许底油，放入蒜末小火煸到颜色微黄有香味，再放干辣椒段。

5　倒入面包糠，小火翻炒至颜色金黄酥脆。

6　倒入炸好的虾，翻炒均匀即可。

4 酸甜龙利鱼

食材

龙利鱼 350 克
鸡蛋 1 个
淀粉适量
面粉适量

调料

油 200 克
盐 1 小勺
白胡椒粉少量
生抽 1 小勺
清水少许
泰式甜辣酱 2 大勺
番茄酱 2 大勺
生姜 1 小块
蒜 2 瓣

做法

1 龙利鱼冲洗干净，切成小块。用盐、白胡椒粉和姜片腌制片刻。

2 泰式甜辣酱和番茄酱各一半，加上少量的水和生抽调成酱料。鸡蛋打散成蛋液，蒜剁成蒜末，再分别准备一小碗淀粉和面粉。

3 腌好的龙利鱼先薄薄裹上一层淀粉，接着裹一层蛋液，再裹一层面粉。

4 锅中倒入油，烧至七成热，中火将龙利鱼炸至金黄色捞出。

5 炒锅烧热，放油，下蒜末爆香。再倒入调好的酱料，小火翻炒出香味至酱料浓稠。

6 倒入炸好的龙利鱼，翻炒到每块鱼表面都均匀地裹上酱料，盛入盘中即可。

小叮咛 酸酸甜甜的非常开胃，而且龙利鱼的鱼肉没有刺，小朋友也会很喜欢。

5 蒜蓉粉丝蒸扇贝

食材

新鲜扇贝 8~10 只

绿豆粉丝 1 把

调料

油 1 大勺

盐 1 小勺

白糖 1/2 小勺

生抽 1 大勺

蒜头 1 整个

朝天椒 2 个

香葱 2 根

做法

1　扇贝表面冲洗干净，去除杂质。粉丝用温水泡软。蒜切碎成蒜末。香葱切去葱白，葱绿切成葱花。朝天椒切成圈。

2　锅中放油，放入蒜末小火炒香，蒜的辣味逐渐减淡的时候，加盐和白糖调味，加适量热水煮 2 分钟，盛入碗中待用。

3　将粉丝均匀地摆在扇贝的周围。

4　用勺子将每个扇贝都浇上蒜蓉汁，放入烧开水的锅中蒸 6~7 分钟。

5　蒸好的扇贝撒上葱花和朝天椒圈，淋上生抽，再浇上热油即可。

小叮咛

1. 炒蒜步骤一定不要省略，这样处理过的蒜没有蒜的生辣，而且只留香味。

2. 最后淋入的热油一定要烧热，听见滋啦的声音，瞬间香气扑鼻，大满足了。

6 豆腐窝鲈鱼

食材

鲈鱼 1 条

内酯豆腐 1 盒

榨菜适量

青椒 1 个

调料

油 1 大勺

盐 1 小勺

料酒 1 大勺

生抽 1 大勺

淀粉 1 小勺

白糖 1 小勺

蚝油 1 小勺

郫县豆瓣 1 大勺

生姜 1 小块

蒜 2 瓣

麻油适量

小叮咛

1. 装盘时先将鲈鱼盛到盘子里，再把豆腐汁淋到鱼身上即可。

2. 处理鲈鱼的时候一定要撕去肚子里面的黑膜，不然会腥。

3. 因为郫县豆瓣和榨菜本身带有咸味，鱼在腌制的过程中也放盐了，所以在烹煮的时候不放盐或者少放盐。

做法

1 内酯豆腐切成小块，榨菜、青椒和蒜分别切碎，姜切片，郫县豆瓣剁碎，待用。

2 鲈鱼清理干净，在鱼身两面分别划上 3 刀，放上姜片，用盐和料酒腌制 15 分钟。

3 锅烧热，放油烧至七成热，将鲈鱼下锅煎至两面微微金黄，小心地盛到盘子里。

4 锅余油，下蒜末、榨菜末和郫县豆瓣，翻炒出香味。

5 倒入适量水，加生抽、蚝油和白糖烧开。

6 把煎好的鲈鱼重新下锅煮到九成熟。

7 下豆腐块和青椒碎，煮大约 2 分钟，调入少量生抽和麻油。

8 加淀粉勾芡，关火即可。

87

7 韭菜花炒鱿鱼圈

食材

鱿鱼 2 条
韭菜花 1 小把
红椒 1 个
珠葱 2 个

调料

油 1 大勺
辣椒酱 1 大勺
生抽 1 小勺
盐 1/2 小勺
孜然粉 少许
生姜 1 小块

做法

1 鱿鱼收拾干净，切成圈。韭菜花洗净去老根，切成小段。红椒洗净，去籽，切成细丝。珠葱撕去外皮，切碎。生姜去皮，切成末。

2 锅中放水烧开，倒入鱿鱼，快速焯烫捞出，用冷水冲洗一下。

3 炒锅烧热，放油，加入珠葱碎和姜末，小火爆香。倒入鱿鱼，翻炒均匀。

4 加入辣椒酱翻炒出香味。

5 倒入韭菜花和红椒丝，大火翻炒均匀。

6 加盐和生抽调味，撒入孜然粉，关火装盘即可。

小叮咛	1.鱿鱼焯过水之后，再炒的时候不容易出水，还能去除多余的腥味。 2.鱿鱼炒久了肉质会变老，用大火快速翻炒更好吃。

8 辣炒花甲

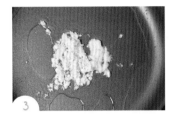

食材

花甲 400 克
青椒 1 个
红椒 1 个

调料

油 1 大勺
盐少许
生抽 1 小勺
老干妈辣酱 1 小勺
生姜 1 小块
蒜 3 瓣

做法

1 青椒和红椒洗净，切成粗条，生姜和蒜剁碎。

2 花甲冲洗干净，放入烧开的水中煮至开口后捞出，再用温水冲洗一次。

3 炒锅烧热，放油烧至六成热，倒入姜末和蒜末爆香。

4 倒入花甲，快速翻炒 1 分钟。

5 倒入青椒、红椒、老干妈辣酱翻炒均匀。

6 加盐和生抽调味，即可出锅。

小叮咛

1.煮花甲的时候，没开口的花甲基本上都不太新鲜，可以扔掉。

2.炒花甲时最好全程大火，快速翻炒，这样花甲的口感会更好。

第四章

朱莉美味厨房

暖心主食

不知道有多少人和我一样，是典型的中国胃，一桌子菜吃到底，哪怕是山珍海味，总要吃一点儿米饭或者面条才觉心里踏实。

记得我小时候上学早，特别是冬天，常常是出门时天还未亮。路上总会碰到街头买汽水米粑的奶奶，一口大铁锅，烧着柴火，热腾腾的蒸汽中，弥漫着大米发酵的微酸香气。烙好的米粑微黄焦香，一口咬下去，柔软又有些 Q 弹。

许多年过去了，这些小吃慢慢从街头消失，但是裹挟着大米香气的米粑，却永远留在了我的记忆里。

1 怀旧米粑

食材

粘米粉 120 克
面粉 65 克
白糖 40 克
发酵粉 1.5 克
凉水 200 克

小叮咛

1. 如果没有手动打蛋器，可以用筷子搅拌。手动打蛋器能够将面糊搅拌得更细腻、无干粉。

2. 如果在晚上做，可以等面糊发酵到起泡、体积稍微变大一点儿的时候，放入冰箱冷藏，第二天早上起来正好可以做早餐。

做法

1 将粘米粉和面粉放在大碗中，加入白糖和发酵粉，慢慢倒入凉水，用手动打蛋器搅拌均匀。

2 搅拌好的面糊看起来略稀，舀起来很快可以滴落下来。

3 盖上保鲜膜或者湿布，放在室温下开始发酵。

4 等面糊的体积变到两倍大，看起来有很多发酵的孔洞，闻起来有微酸味的时候，就发酵完成了。

5 平底锅烧热，放入少许油，舀入一大勺面糊摊成小圆饼。

6 中小火煎至两面微微带些金黄就可以了。

偶尔回家晚，但是又不想吃外卖的时候，就会快速煮一锅米饭，搜罗一下冰箱里七七八八的存货，将各种蔬菜和肉类切碎，炒一锅朴实无华的营养炒饭。如此，一家老小皆大欢喜。

2 牛肉粒杂蔬炒饭

食材

剩米饭 1 大碗
牛肉 1 小块
土豆 1 个
胡萝卜半根
青菜 1 小把
鸡蛋 3 个

调料

油 2 大勺
盐 1 小勺
生粉 1/2 小勺
鸡精 1/2 小勺
黑胡椒粉少许
现磨黑胡椒碎适量

小叮咛

1. 蔬菜的品种和米饭的量，都可以根据自己的需要调整。

2. 做炒饭的米饭可以煮得稍微硬一点儿，放冰箱冷藏一夜最好，这样做出来的炒饭会是一粒粒的，而且口感也更好。

3. 现磨的黑胡椒碎是亮点，一定不要省略。

做法

1　土豆和胡萝卜去皮洗净，切成小粒。青菜洗净，切碎。鸡蛋打散成蛋液。牛肉洗净切粒，加入生粉、少许盐和黑胡椒粉抓匀，腌制 10 分钟左右。

2　锅烧热，放油，倒入牛肉末翻炒至变色，倒去炒制过程中析出的多余水分，将肉末盛出待用。

3　加入土豆和胡萝卜，翻炒 3 分钟，大概接近熟的状态，再加入青菜，翻炒均匀。

4　倒入米饭翻炒均匀。

5　将米饭用锅铲扒到四周，中间倒油，倒入蛋液，煎 1 分钟，再慢慢翻炒到米饭都沾上蛋液，此时的米饭颜色会变黄。

6　加入牛肉粒，翻炒均匀。

7　加盐和鸡精，再加入现磨的黑胡椒碎调味，翻炒均匀即可。

97

煲仔饭是广东的特色，一般是用砂锅来煮饭，因为广东称砂锅为煲仔，所以就称为煲仔饭。在广东这些年，吃过各种各样的煲仔饭，以腊肠的为主，还有鸡肉和排骨等，但我最喜欢的始终是腊肠煲仔饭，腊肠里面的油脂滴入饭里，米饭油亮剔透，香气扑鼻。吃到嘴里的感觉，嗯，千金也不换。

3 土豆腊肠煲仔饭

食材

大米 300 克
广式腊肠 200 克
青菜 1 把
土豆 1 个
小葱 1 根

调料

油 1 小勺
盐 1/2 小勺
白糖 1/2 小勺
生抽 1 大勺
芝麻油几滴
白胡椒粉少许

小叮咛

1. 一定要用广式腊肠，甜中带一点儿淡淡的酒香，非常好吃。

2. 我用的铸铁锅导热性很好，所以煮饭很快，如果用其他锅，时间需要自行调整。

3. 米饭煮开之后，要调中小火，否则锅底的米饭容易烧煳。

做法

1 大米淘洗干净，浸泡半小时，滤去水分。

2 腊肠切成厚薄均等的片。青菜理去老根，洗净。土豆去皮，切成丁，用水冲洗掉表面的淀粉。

3 用刷子在锅底刷一层油。锅中倒入大米，加入没过大米的水，盖上锅盖。将米饭大火煮开，中小火将水分收干。

4 煮饭的时候将土豆丁放入锅中加少许盐煎至半熟。青菜放入热水锅中快速焯烫捞出。生抽加少许盐、白糖、芝麻油和白胡椒粉混合成酱汁。

5 将腊肠和土豆均匀地铺在饭上面，盖上锅盖，焖 6 分钟。

6 将青菜摆在饭上，淋上酱汁，盖上锅盖，继续焖 1 分钟。表面撒上葱花即可。

4 豆角焖面

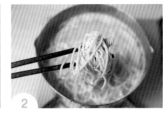

食材

新鲜面条 250 克

豆角 1 把

牛肉末 150 克

调料

油 1 大勺

盐 1/2 小勺

生抽 1 大勺

生粉 1/2 小勺

豆瓣酱 1 小勺

白糖 1 小勺

黑胡椒粉少许

生姜 1 小块

做法

1 豆角洗净，撕去老筋，切成小段。牛肉末加生粉、少许生抽和去皮磨碎的生姜蓉拌匀，腌制 10 分钟左右。

2 锅中放水烧热，放入面条煮 1~2 分钟，大概是夹生的状态，捞出，过凉水待用。

3 锅烧热，放油，倒入牛肉末翻炒至变色，加入豆瓣酱炒出红油。

4 加入豆角翻炒 2 分钟，加适量水焖 2 分钟。

5 锅里还有少许汤汁的时候加入生抽、盐、白糖和黑胡椒粉调味。

6 加入面条拌匀，盖上锅盖焖 2 分钟即可。

小叮咛

1. 面条先用水煮一下后过凉水，可以滤去表面多余的面粉，让口感更筋道。

2. 豆角一定要焖熟，以免有毒素。

5 番茄煎蛋面

食材

新鲜面条 150 克
番茄 1 个
鸡蛋 1 个
蒜苗 1 根

调料

油 1 大勺
盐 1 小勺
白糖 1/2 小勺

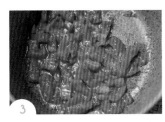

做法

1 番茄洗净、去皮，切成小粒，蒜苗洗净切碎。

2 锅中放入油，将鸡蛋煎至两面微黄之后盛出，待用。

3 将番茄倒入锅中，小火翻炒到起糊，加白糖，倒入适量开水。

4 加入面条煮到七成熟。

5 加盐调味。

6 加入煎过的鸡蛋煮 1 分钟，撒入蒜苗关火即可。

小叮咛 ‖ 1. 番茄小火炒到起糊煮出的汤会比较浓郁。
2. 蒜苗可以换成小葱。

103

6 香酥葱油饼

食材

面粉 350 克 +30 克

开水 100 克

冷水 80 克

调料

小葱 1 小把

油 2 大勺

盐 1 小勺

黑胡椒粉适量

做法

1 面粉（350 克）放在大碗中，慢慢倒入开水，用筷子搅成絮状。

2 再倒入冷水搅匀，揉成比较光滑的面团。盖上湿布，醒 30 分钟左右。

3 面粉（30 克）和油用勺子混合均匀，调成比较稀的油酥。葱洗净，不要葱白，切成葱花。

4 醒好的面团分成约 80 克一份，不擀的先用保鲜膜盖上。

5 案板上抹油或者撒上面粉，用擀面杖将面团擀成长方形的薄面片。

6 面片上均匀地刷上油酥。

7 撒上适量盐、黑胡椒粉和葱花。

8 将面片均匀地卷起来，呈长条状。

9 将卷好的面片盘起来。

10 将尾部塞进中间的洞里面，用手掌压一下，静置 3 分钟。

11 用擀面杖将面团擀成稍微薄一点儿的圆形。

12 平底锅烧热，放油，将擀好的葱油饼放入锅中，中小火煎到两面金黄即可。

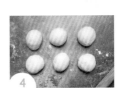

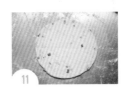

小叮咛

1. 不同品牌的面粉吸水性不同，水量要适当调整，面团和软一点儿烙出的葱油饼更好吃。

2. 油酥里的植物油用猪油代替会更香。

3. 如果嫌麻烦可以一次做多一点儿，然后一层饼一层油纸摞好，放冰箱冷冻起来，吃的时候拿出来煎熟就行了。

7 芝士培根泡菜饼

食材

中筋面粉 150 克
培根 2 片
韩国泡菜适量
马苏里拉芝士碎适量
鸡蛋 1 个

调料

油 2 大勺
黑胡椒粉少许
盐 1 小勺
水适量

做法

1 韩国泡菜切碎，培根切成小块，将培根放入平底锅中煎到出油盛出。

2 大碗中放入中筋面粉和鸡蛋，加水搅拌呈均匀无干粉的面糊。

3 加入马苏里拉芝士碎、韩国泡菜、煎好的培根，加盐和黑胡椒粉调味，搅拌均匀。

4 面糊的浓稠度如图。

5 平底锅烧热，倒入油，用勺子舀入适量的面糊，面糊要铺满整个锅底。中火煎到表面凝固之后翻面，煎到两面金黄。

6 将煎好的饼放到砧板上，均匀切成小块即可。

> 小叮咛
> 1. 配料的分量可以根据个人喜好添加。
> 2. 煎饼的时候，油可以稍微多一点儿，吃起来会更香。

8 红油抄手

抄手食材

新鲜抄手皮 250 克
瘦肉 300 克
五花肉 1 小块
鸡蛋 1 个

调料

盐 1 小勺
生抽 1 小勺
陈醋 1 小勺
白糖 1 小勺
黑胡椒粉少许
猪油 1 小勺
清水 100 克
生姜 1 小块
小葱 1 根
油 2 大勺
辣椒面 1 大勺
花椒粉 1 小勺
白芝麻 1 小勺

小叮咛

1. 肉蓉中加入一点儿五花肉，会让抄手的口感润而不柴。

2. 如果没有搅拌机，也可用刀将肉剁成肉泥。

3. 红油辣子的辣椒面最好是用四川的二荆条，香而不燥，辣而不烈。

做法

1 瘦肉和五花肉洗净，五花肉去皮，搅拌成比较细腻的肉蓉。生姜去皮磨成泥，小葱洗净，葱白切成段，葱绿切葱花。

2 肉蓉中加入盐、白糖、姜泥和黑胡椒粉搅拌均匀。将肉蓉用力朝一个方向搅拌，并分 3~4 次加入适量清水，每次加入清水之后，搅拌到水分吸收才可以再加水。

3 在肉蓉中加入一个蛋清，继续搅拌，直到肉蓉变得细腻黏稠，看起来有一点点糨糊状。

4 将肉蓉分别放入抄手皮中，包成元宝状的抄手。

5 碗中放入辣椒面、花椒粉、白芝麻和葱白段，浇入热油制成红油辣子，待用。

6 锅中加入清水，烧开后转中火，保持微微沸腾的状态，放入抄手煮熟。

7 碗内加入红油辣子、生抽、陈醋、猪油和葱花，加入适量煮抄手的原汤，捞出煮熟的抄手放入碗中即可。

9 日式牛肉饭

食材

肥牛片 250 克
白洋葱 1 个
海带少量
白米饭 1 碗

调料

酱油 1 大勺
味淋 1 大勺
白糖 1 小勺
生姜 1 小块

做法

1　将白洋葱切成细丝，海带切成小块，生姜去皮磨成蓉。

2　小锅中加入适量的水，加入海带，放入酱油、味淋和白糖，大火煮开。

3　放入洋葱丝，大火煮开，再转小火煮 10 分钟。

4　加入肥牛片和姜蓉，待牛肉变色之后，小火继续煮 15 分钟，等到汤汁略微收干即可。

5　盛一碗刚煮好的白米饭，将牛肉片摆好，再浇上汤汁即可。

小叮咛
1.牛肉片可以选择肥肉比较多的部分。
2.煮牛肉的时候会有很多的浮沫，会影响口感和卖相，所以要用勺子撇出浮沫。

去潮州做短暂的旅行，晚上在酒店饿得无法入睡，看看时间已是凌晨，外面又下着小雨，纠结之下想要饱腹的欲望胜过了一个人出去的害怕，火速穿上连帽卫衣，在雨夜的街头搜寻对味的小店。因为时间太晚，所处的地方也不是繁华区，所以开着的店并不多，凭着感觉走进一家毫不起眼的砂锅粥店。店里有各种粥，鱼粥、咸骨粥、鸡肉粥……我点了皮蛋瘦肉粥，大概5分钟，粥就端上来了，浓香四溢，散发着皮蛋和米香，混合着香菜的味道，入口之后味蕾和肠胃顿时得到了极大的满足。

10 皮蛋瘦肉粥

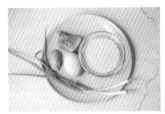

食材

大米适量

皮蛋 1 个

猪里脊肉 100 克

调料

油 1 小勺

盐 1 小勺

白胡椒粉适量

生姜 1 小块

香葱 2 根

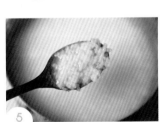

小叮咛

1. 如果喜欢吃颗颗分明的米粥，缩短熬粥时间。

2. 炒过的肉末更香，也没有腥气，味道更好。

做法

1 大米淘洗干净，倒入加了凉水的锅中。大火煮开，再转中小火煮，要经常搅拌，以免煳锅。

2 猪里脊肉洗净，剁成肉末，皮蛋切成丁，生姜切成非常细的丝，香葱洗净，葱白切段，葱绿切碎。

3 炒锅烧热放油，下少许姜丝和葱白段，用小火煸出香味后捞出。

4 下肉末翻炒至变色，盛出。

5 粥熬到大米快要开花，米汤变得有些浓稠的状态。

6 加入皮蛋，先煮 3 分钟，再加入肉末和姜丝，煮到粥变浓稠。

7 加盐和白胡椒粉调味，出锅前撒香葱碎即可。

家里的小朋友最爱的是我做的番茄肉酱意大利面，所以我们家隔三差五就会吃一顿，但是同一种做法吃多了也担心会腻，那就换一种试试看吧。百里香是阳台上自己种的，它有一点儿橘子味，芳香浓郁又很好闻。每次做意大利面或者煎肉时，剪一些丢入锅中，提味又去腥。

11 百里香茄子炒意大利面

食材

意大利面 1 把
番茄 2 个
茄子 1 个
洋葱 1/3 个
百里香适量

调料

黄油 20 克
橄榄油 1 小勺
食用油少许
番茄酱 2 大勺
盐 1 小勺
黑胡椒碎少许

小叮咛

1. 黄油的熔点很低，所以刚开始没有加入食材之前一定要开小火，不然黄油会容易焦掉。

2. 如果没有新鲜的百里香，也可以用干的香草碎代替。

做法

1 番茄洗净去皮切成丁，洋葱切成末，茄子洗净斜切成片，百里香洗净切碎，待用。

2 锅中放水烧开，放入几滴食用油和少许盐，加入面条煮到没有白芯即可。煮面条的同时来准备酱汁。

3 平底锅烧热，放少许橄榄油，放入茄子煎到两面微黄变软。

4 平底锅中放入黄油小火熔化，放洋葱末和百里香碎炒出香味，放入番茄丁翻炒变软。

5 加入茄子，翻炒均匀。

6 加番茄酱和盐，翻炒均匀，加少许水煮到酱汁收干。

7 加入煮好的面条，翻炒均匀。

8 加入现磨的黑胡椒碎即可出锅。

115

第五章

朱莉美味厨房

滋养汤水

广东人喜欢煲汤，在广东生活多年，部分生活习惯和口味也慢慢地越来越广式，老火汤已成为每天吃饭的标配。

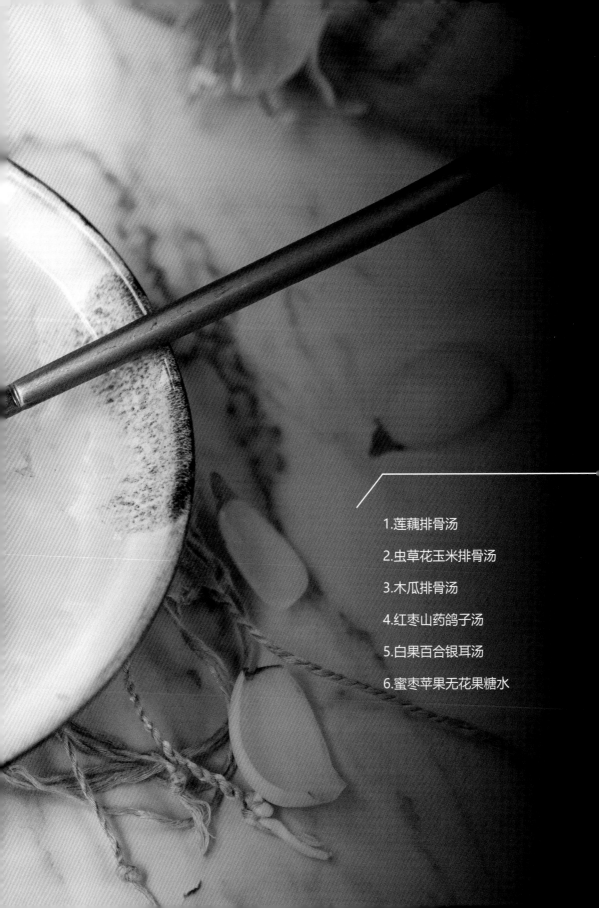

1.莲藕排骨汤

2.虫草花玉米排骨汤

3.木瓜排骨汤

4.红枣山药鸽子汤

5.白果百合银耳汤

6.蜜枣苹果无花果糖水

作为一个湖北人，每年到了秋冬季节，最想念的必定是一碗香浓的莲藕排骨汤。

多年前，从湖北带了莲藕来广东，同样的藕，在家里煲的粉甜又浓郁，在这儿，藕就硬硬的。后来，带着疑虑专门问过卖藕汤的老板娘，她说藕煲不粉跟锅有关，最好的是那种里面不上釉的老式大砂锅，也叫铫子或者煨子，先大火煮开，再小火煮 3 小时，汤就会变成淡淡的粉色，表面浮着一层清亮的油花，顺手撒上一点儿葱末……此刻，我只能想念一下这种滋味。

莲藕汤好喝的首要原因是莲藕要粉、要新鲜。如果莲藕不好，那么怎么煲都是难吃的。我觉得湖北洪湖的莲藕是最好吃的，菜市场买不到，可以上网买产地直发的，因为我就是这么做的。

最好用大砂锅煲莲藕汤，但如今在城市，一来老式的大砂锅难觅；二来家里也不好收纳，退而求其次，高压锅也是个非常不错的选择。

1　莲藕排骨汤

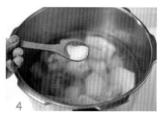

食材

排骨 400 克

莲藕 1 大节

调料

油 1 小勺

盐 1 小勺

白糖少许

生姜 1 小块

做法

1　排骨剁成小块，放入烧开水的锅中焯一下，捞起后用温水冲洗干净表面的血沫。莲藕切去两头，去皮，切成滚刀块，在清水中漂洗一下，去除掉表面的粉浆。生姜去皮，切成片。

2　平底锅中加少许油，放入排骨和姜片煎到两面微微变黄，盛起。

3　高压锅中放入莲藕块、排骨、姜片，倒入没过食材的凉水。

4　加盐和白糖，盖上盖子，大火煮到高压锅发出冒气的响声，再调成中大火压 10~12 分钟，关火即可。

小叮咛

1. 排骨放入锅中先煎一下会更香。

2. 放入一点儿白糖可以让汤汁更鲜甜。

3. 一定要等到高压锅排完气之后开盖。

4. 莲藕起锅前，可以撒少许胡椒粉和葱花。

2 虫草花玉米排骨汤

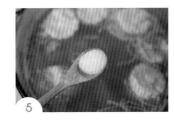

食材

排骨 300 克
玉米 1 根
新鲜虫草花 1 把

调料

盐 1 小勺
生姜 1 小块

做法

1 将排骨放入小锅中焯水，捞出后用温水冲洗干净表面的杂质。

2 将排骨放入汤锅中，加入足量的水，放入两片生姜，大火煮开，
再转小火煮 30 分钟。

3 玉米洗净，切成小段，虫草花去掉老根，放入清水中浸泡 5 分钟，
捞出漂洗干净。

4 将玉米和虫草花一起放入锅中，煮到汤色开始变黄。

5 加入盐调味，再煮 15 分钟即可。

> 小叮咛
> 1.虫草花和玉米一起煮出来的汤色金黄又清亮，有菇类的香气和玉米的清甜，颜值与美味兼而有之。
> 2.虫草花性质平和，含有丰富的氨基酸和蛋白质，可以增强人体免疫力。

3 木瓜排骨汤

食材

排骨 300 克
木瓜半个

调料

盐 1 小勺
白胡椒粉 1 小勺
生姜 1 小块

做法

1 排骨快速焯水，用温水将表面的杂质冲洗干净。木瓜去皮、去籽，切成小块，洗净。生姜切片。

2 汤锅中加入足量的水，放入排骨和姜片，大火煮开，小火炖煮 30 分钟。

3 木瓜块放入汤中，加盐，继续炖 25 分钟左右。

4 炖到木瓜软烂，加白胡椒粉调味即可。

小叮咛

1.可以选择青木瓜或者成熟度不那么高的木瓜，这样制作出的汤汁更清甜。

2.因为途中水分会蒸发，所以最好一次加入足量的水。如果中途需要加水，要加热水，冷水会让肉质收缩，影响口感。

4 红枣山药鸽子汤

食材

鸽子 1 只

铁棍山药 1 根

红枣 3 个

枸杞适量

调料

盐 1 小勺

生姜 1 小块

做法

1 鸽子剪去头和脖子，剪去指甲，清理干净肚子里的内脏，再冲洗干净。生姜去皮，切成片。

2 锅中加水，将鸽子冷水下锅焯水，捞出，用温水冲洗干净。

3 汤锅中加入足量的水，放入鸽子、红枣和姜片，大火煮开，再转小火炖 35 分钟。

4 铁棍山药去皮，切成滚刀块，冲洗干净表面的黏液。

5 将山药块和枸杞一起放入汤锅中，加盐调味，煮 20 分钟即可。

> **小叮咛** 山药黏液中含有皂苷，皮肤接触之后可能会导致过敏、引起瘙痒。所以在处理山药的时候，可以戴上一次性手套。万一不小心接触到皮肤，引发瘙痒，可以用醋搓洗，或者将手放到火上微微烘一下，即可缓解。

5 白果百合银耳汤

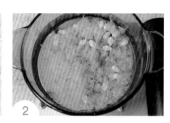

食材

干银耳 1/3 朵
新鲜百合 2 个
白果 1 小把

调料

冰糖 40 克

做法

1　干银耳放入温水中泡发，剪去黄色的老根，撕成小块。白果用开水烫一下，撕去表皮。

2　汤锅中加入适量的水，放入银耳和白果，先大火煮开，再小火慢煮。

3　煮到银耳和汤汁都变黏稠，白果口感变糯。

4　百合切去老根，掰成小片，洗净表面的灰尘，放入银耳汤中。

5　加入冰糖，煮到百合变透明即可。

小叮咛
1. 新鲜白果有轻微的毒性，不宜多吃。
2. 冰糖的量可以根据每个人的口味酌情添加。

127

6 蜜枣苹果无花果糖水

食材

苹果 2 个

蜜枣 5 个

无花果干 5 个

枸杞 15 粒

调料

冰糖适量

做法

1 苹果洗净，去皮，去掉果核，切成小块。蜜枣和无花果干用清水稍微漂一下，洗去表面的灰尘。

2 将蜜枣、苹果、无花果干放入电炖锅中，加入没过食材的清水，隔水炖 45 分钟左右。

3 加入枸杞和冰糖再炖 10 分钟左右即可。

小叮咛

1.苹果核煮熟之后有酸味，所以处理食材的时候一定要去掉果核。

2.我用的是个头比较小的野苹果，大个头的苹果只需要一个就可以了。

3.3 种食材本身都含有甜味，煮出来的糖水是比较清甜的，如果觉得不够甜，可以根据个人口味加入少量冰糖。

第六章

朱莉美味厨房

开胃凉菜

凉菜作为一顿饭的前菜，有帮助打开
味蕾的功效。素菜、荤菜均可拌。

1 桂花芸豆

我喜欢桂花，爱鲜桂的清香，也爱干桂的优雅。经常会用干桂来入菜，比如桂花糕和这一道桂花芸豆。芸豆的粉糯、冰糖的清甜，再配上沁人的桂花香，实在是让人不得不爱。天气热的时候，放入冰箱冷藏之后，更是别有一番滋味。

食材
白芸豆 150 克
干桂花少许

调料
冰糖 80 克

小叮咛

1.煮熟再闷的白芸豆口感更软糯，香甜味更足。
2.煮好的白芸豆可以直接吃，冷藏之后味道更好。
3.吃不完的白芸豆可以装在密封盒中放入冰箱冷藏 1~2 天，但是请尽快食用。

做法

1　白芸豆用凉水浸泡一夜，泡到体积变大，冲洗干净，捞起。

2　汤锅中放入足量的水，加入白芸豆。

3　先用大火煮开，再转中火煮 30 分钟左右，此时白芸豆已经变软糯。

4　放入冰糖和干桂花，小火再煮 10 分钟，关火。

5　煮好的白芸豆在锅中闷半小时左右，盛入碗中，加入一点儿桂花糖水即可。

2 减脂魔芋拌杂蔬

1

2

食材

魔芋结 1 小包
菠菜 1 小把
黑木耳 10 朵
胡萝卜半根

调料

油 1 大勺
盐 1 小勺
白糖 1/2 小勺
生抽 1 小勺
陈醋 1 小勺
辣椒面 1 小勺
白芝麻 1 小勺
小葱 2 根
蒜 2 瓣
干辣椒 2 个

3

4

5

做法

1　菠菜去掉黄叶，洗净切成小段。胡萝卜洗净去皮，切成丝。黑木耳用水泡发，切去老根。

2　锅中加水烧开，分别放入菠菜、魔芋结、胡萝卜丝、黑木耳，焯熟捞出。

3　分别过凉水之后再沥干多余水分。

4　小葱切成葱花，蒜剁碎，干辣椒切成小段，放入碗中，加入辣椒面和白芝麻，淋入热油。再加入生抽和陈醋，拌匀。

5　大碗中放入魔芋结、胡萝卜丝、菠菜段、黑木耳。加入盐和白糖，倒入调好的味汁，拌匀即可。

> **小叮咛**
> 1. 魔芋不含脂肪，特别适合有瘦身需求的人。其口感清爽，搭配上其他蔬菜食用，夏天很开胃。
> 2. 干辣椒用朝天椒代替也不错。

3 麻辣藕片

食材

莲藕 2 节
香菜 2 根

调料

油 2 大勺
盐 1/2 小勺
白糖 1 小勺
生抽 1 大勺
香醋 1 大勺
辣椒面 1 小勺
花椒油 1 小勺
熟白芝麻适量
蒜 2 瓣

做法

1　莲藕去皮洗净，切成两段。蒜剁成蒜末，香菜洗净切碎。

2　莲藕放入锅中，倒入没过莲藕的水，煮 25 分钟，至莲藕煮熟。喜欢口感面一点儿的就多煮 10 分钟。

3　捞出煮好的莲藕，放凉后切成均匀的藕片。

4　将藕片放入碗中，加盐、白糖、一半的蒜末。

5　取小碗，倒入辣椒面和剩余的蒜末，再加生抽、香醋和花椒油，最后加上熟白芝麻，拌匀后淋在藕片上。

6　撒上香菜末，拌匀即可。

小叮咛　调料的分量可以根据个人的口味添加，我喜欢多加一点儿醋和香菜。

4 姜汁豆角

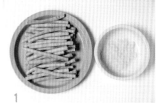

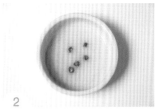

食材

豇豆 300 克
生姜 1 块

调料

油 1 大勺
凉白开 1 大勺
盐 1 小勺
白糖 1/2 小勺
白胡椒粉少许
麻油几滴
鸡精少许
朝天椒 1 个

做法

1 豇豆洗净，切成同等长度的段，大概 7 厘米，用厨房纸巾吸干水分。生姜磨成蓉，朝天椒切小段。

2 生姜蓉里倒入温油、凉白开、盐、白糖、白胡椒粉、麻油和鸡精，搅匀成姜汁，加入朝天椒段。

3 锅里放油，烧到大约八成热，倒入豇豆段炸约 2 分钟至表皮发皱。

4 捞起焯好的豇豆，迅速倒入冰水中浸泡片刻，捞起沥干水分。

5 将豇豆整齐地放在盘子里摆好，淋入调好的姜汁即可。

小叮咛

1. 豇豆要炸熟后再捞出来浸冰水。

2. 以前做这道菜，都是直接焯水之后淋姜汁，但总觉得豇豆里面水分太多。后来问过一家餐厅的厨师，得来这个先炸后浸冰水的方法，这样除了让豇豆的口感更特别，还能让豇豆的颜色保持碧绿。

5 莴苣鸡丝

食材

鸡胸肉 1 块
莴苣 1 根

调料

油 2 大勺
盐 1 小勺
白糖 1/2 小勺
辣椒粉 1 小勺
花椒粉 1/2 小勺
生姜 1 小块
蒜 2 瓣
朝天椒 2 个

小叮咛

1. 鸡胸肉浸过冰水之后口感更弹，如果喜欢软一点儿的，这步可以省略。

2. 撕鸡胸肉比较耗时间，可先敲打鸡胸肉之后再撕，这样可以节约很多时间。

做法

1 鸡胸肉撕去外面的薄膜，冲洗干净，切小块。莴苣去皮洗净，切成细丝。生姜切成片，蒜剁碎，朝天椒切成小段。

2 鸡胸肉和姜片一起凉水下锅，煮到鸡胸肉完全变白，再浸泡 10 分钟。整个过程大约 30 分钟。

3 捞起煮好的鸡胸肉，用温水冲洗干净，再用冰水浸 5 分钟，捞起。莴苣丝快速焯水后捞出，放入冰水中，捞出，轻轻挤干水分。

4 鸡胸肉装入保鲜袋，用擀面杖轻轻敲打，先让肉质变松散，再用手将鸡胸肉撕成丝，越细越好。

5 辣椒粉、花椒粉和蒜末放入碗中，淋入热油，制成辣椒油。

6 将鸡丝和莴苣丝放在大碗中，加入朝天椒段，调入盐和白糖，淋上辣椒油，拌匀即可。

6 炝拌土豆丝

食材

土豆 3 个
青椒 1 个

调料

油 1 大勺
盐 1/2 小勺
白糖少许
生抽 1 小勺
醋 1/2 小勺
蒜 2 瓣
干辣椒 2 个

做法

1 土豆去皮，切成细丝，冲洗掉表面多余的淀粉，放入清水中浸泡
   30 分钟。

2 青椒洗净，去蒂去籽，切成细丝。干辣椒切段。蒜切成蒜末。

3 锅中加水烧开，放入土豆丝，焯烫 30~60 秒，捞出后过几次凉水，
   沥干水分，备用。青椒丝快速焯烫捞出。

4 干辣椒段和蒜末放入小碗中，淋入热油，制成辣椒油。

5 土豆丝和青椒丝放入碗中，加入盐、白糖、生抽和醋，倒入辣椒
   油，拌匀即可。

> **小叮咛** 土豆丝放入清水中浸泡 30 分钟，可以让土豆丝保持脆脆的口感。

7 麻酱油麦菜

食材

油麦菜 2 棵

调料

芝麻酱 2 大勺

熟白芝麻适量

麻油 1 大勺

盐少许

白糖 1/2 小勺

鸡精少许

做法

1 油麦菜摘去老叶，留下嫩叶洗净，掰成大小相等的段，放入淡盐水中浸泡 5 分钟，捞起，用纯净水冲洗干净，沥干水分。

2 芝麻酱中加入麻油，朝一个方向搅拌均匀。

3 芝麻酱中加入盐、白糖和鸡精搅拌均匀。

4 搅好的酱料是比较顺滑的。

5 将油麦菜放入盘中，淋上调好的芝麻酱，撒上熟白芝麻点缀即可。

小叮咛

1. 芝麻酱使用含有花生的会更香，如果是纯芝麻酱，可以加入少量的花生酱混合。

2. 因为芝麻酱里含有盐分，盐的分量可以少一些。

8 多味花生米

食材

花生米 200 克

调料

八角 2 个

香叶 3 片

干辣椒 4 个

蜂蜜 1 大勺

盐 1 小勺

白糖 1 小勺

酱油 1 大勺

陈醋 1 小勺

做法

1 花生米提前浸泡 1 小时。

2 锅中放水，加花生米煮开，将水倒掉，将花生米再冲洗一次。

3 锅中重新加入足量的水，倒入花生米，再加入八角、香叶和干辣椒煮开。

4 加入蜂蜜、盐、白糖、酱油和陈醋。大火煮开，再改中火煮 25 分钟之后关火，继续闷 40 分钟左右。

5 捞出香料，放凉即可。

小叮咛 | 煮好的花生米如果不急着吃，可以泡在汤汁里面，这样会更入味。

第七章

朱莉美味厨房

快手甜点

有人说在现实生活中，苦短甜长。随着年岁渐长，能让我们感到幸福与满足的事与物都越来越少。甜品便成了最简单、最直接的慰藉。

1 椰蓉烤香蕉

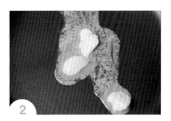

食材

香蕉 3 根
椰蓉 15 克
无盐黄油 20 克
白糖 35 克
椰浆 30 克

做法

1 香蕉剥皮，斜切成稍微厚一点儿的片。

2 平底煎锅中加入黄油，小火加热到黄油熔化。

3 加入香蕉片，煎至两面都有微微黄的颜色。

4 倒入白糖和椰浆，小火加热到白糖熔化后关火。

5 将香蕉盛到可以进烤箱的烤碗中，表面撒上椰蓉。

6 将烤碗放入预热好的烤箱中层，以 200℃烘烤 10 分钟即可。

小
叮
咛

1. 因为黄油的熔点很低，所以一定要小火加热。

2. 加上一点儿朗姆酒会更有风味。

2 芒果酥

食材

芒果 1 个
蛋挞皮 12 个
鸡蛋 1 个
黑芝麻少许

小叮咛

1. 芒果加热之后会变酸，所以一定要选择比较甜的芒果，这样烤出来的芒果酥酸甜适中。

2. 烤盘里面要铺油纸，锡纸还是会有点儿沾。

3. 芒果可以换成其他较软的水果，比如香蕉、榴莲等。

做法

1 芒果沿果核切开，切下的核不要。在表面划若干十字刀，不要切到底。

2 芒果切成小丁。鸡蛋打散成蛋液。蛋挞皮要在冷冻状态下撕去表面的锡纸。

3 将芒果丁放入蛋挞皮中间，像捏饺子一样把周围捏紧。

4 烤盘中铺上油纸，均匀地放入捏好的芒果酥。

5 表面刷上一层薄薄的蛋液，撒上黑芝麻点缀。

6 将烤盘放入预热好的烤箱中层，以 200℃烘烤 20 分钟至表面金黄即可。

第一次知道西多士，是很多年前第一次去香港，在茶餐厅吃饭时，看到餐牌上的黄油西多士，因为好奇所以问了一下侍应，据说这个甜品是由法国传入的，因为吐司在粤语里叫作多士，所以又叫法兰西多士，简称西多士。等到西多士端上来一看，这不就是煎吐司吗？心里还小小地失望了一下。但是没想到，味道平淡的白吐司在抹上花生酱，又吸入了鸡蛋和黄油的味道之后，香气四溢，瞬间让人食欲大增。

3 花生酱西多士

食材

切片吐司 4 片
鸡蛋 2 个
无盐黄油 25 克
花生酱 1 大勺
炼乳适量

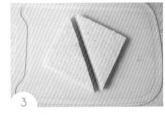

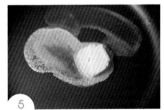

小叮咛

1. 一定要将两面都煎到金黄，口感才会好。
2. 炼乳可以替换成蜂蜜或黄油。

做法

1 鸡蛋打散成蛋液。

2 吐司上面用勺子均匀地抹上一层花生酱，再盖上另一片吐司。

3 将吐司从中间斜切成三角形。

4 将切好的吐司放入蛋液中均匀地沾上蛋液。

5 黄油放入锅中，小火熔化。

6 将吐司放入锅中，中小火煎至两面金黄。

7 煎好的西多士表面挤上炼乳。

155

4 芝士焗南瓜泥

食材

南瓜 1 块
胡萝卜小半根
淡奶油 40 克
白砂糖 40 克
无盐黄油 20 克
马苏里拉芝士碎适量

做法

1　南瓜去皮去籽，洗净切成小块。胡萝卜去皮，洗净切成厚片。

2　将南瓜和胡萝卜上锅蒸熟，用勺子压成泥状。

3　依次将黄油、淡奶油和白砂糖加入南瓜泥中，拌匀。

4　将搅拌好的南瓜泥倒入烤碗中，表面均匀地撒上马苏里拉芝士碎。

5　将烤碗放入预热好的烤箱中层，以 230℃烘烤 10 分钟，待表面的芝士碎熔化并且上色即可。

> **小叮咛**
> 1.马苏里拉芝士碎的分量可依个人喜好添加，不过厚厚的芝士拉丝效果更好。
> 2.也可以将南瓜换成红薯。

5 蓝莓软曲奇

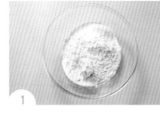

食材

低筋面粉 120 克
无盐黄油 25 克
牛奶 70 克
细砂糖 18 克
盐 2 克
泡打粉 3 克
冷冻蓝莓 65 克

做法

1　大碗中加入低筋面粉、细砂糖、盐、泡打粉混合均匀。再加入软化的黄油。

2　搓成粗玉米粉的状态。

3　加入冷冻蓝莓混合均匀，分两次倒入牛奶，轻轻地将面糊混合成湿润黏稠的面团。

4　将面团分成 15 份，放入铺了油纸的烤盘中。这个过程可以借助勺子帮忙。

5　将面团表面撒上薄薄的细砂糖。

5　放入预热好的烤箱中层，以 190℃烘烤 20 分钟左右。

小叮咛　1.蓝莓要用冷冻的，因为新鲜蓝莓在搅拌的过程中容易压烂。
　　　　2.面团拌匀即可，不需要过度搅拌，否则影响口感。

图书在版编目（CIP）数据

朱莉美味厨房 / 朱莉著 . — 沈阳 : 辽宁科学技术出版
社 , 2021.5
ISBN 978-7-5591-1974-2

Ⅰ.①朱… Ⅱ.①朱… Ⅲ.①菜谱 Ⅳ.①TS972.12

中国版本图书馆 CIP 数据核字 (2021) 第 040086 号

出版发行：辽宁科学技术出版社
　　　　　（地址：沈阳市和平区十一纬路25号　邮编：110003）
印 刷 者：辽宁新华印务有限公司
经 销 者：各地新华书店
幅面尺寸：170mm×240mm
印　　张：10
字　　数：200千字
出版时间：2021年5月第1版
印刷时间：2021年5月第1次印刷
责任编辑：康　倩
封面设计：霍　红
责任校对：闻　洋

书　　号：ISBN 978-7-5591-1974-2
定　　价：58.00元

联系电话：024-23284367
邮购热线：024-23284502